ASSOCIATION FRANÇAISE

POUR

L'AVANCEMENT DES SCIENCES

CONGRÈS DE LILLE

1874

M

PARIS

AU SECRÉTARIAT DE L'ASSOCIATION

76, rue de Rennes.

ASSOCIATION FRANÇAISE

POUR L'AVANCEMENT DES SCIENCES

congrès de Lille — 1874

MM. AUGIER et JULIEN

Élèves du laboratoire d'anthropologie de l'École des hautes études.

SUR LES ANGLES OCCIPITAUX ET BASILAIRE

— *Séance du 24 août 1874.* —

Le *premier angle occipital* (angle de Daubenton), est un angle indiquant l'inclinaison du trou occipital, c'est-à-dire l'élément le plus essentiel de l'attitude de la tête et de l'architecture du crâne.

Cet angle est formé par deux lignes partant de l'*opisthion* (milieu du bord postérieur du trou occipital), et passant, l'une par le *basion* (milieu du bord antérieur du trou occipital), l'autre par le bord inférieur de l'orbite.

Pour mesurer cet angle, Daubenton se servait de dessins de profil, légèrement penchés. Mais ce procédé, lent, incommode, et défectueux, ne lui permettait point de constater des différences même assez considérables.

Pour substituer au mode de mensuration employé par Daubenton un procédé plus rigoureux et plus commode, M. Broca a doté la crâniologie de deux instruments, dont le maniement, facile et rapide, permet d'obtenir des chiffres d'une précision mathématique ; nous voulons parler du *goniomètre à arc* (goniomètre des anthropologistes) et du *goniomètre rectangulaire* (utile pour les recherches d'anatomie comparée).

M. Broca a pu ainsi constater la justesse d'une partie des conclusions de Daubenton : que l'angle occipital est plus petit chez l'homme que chez les singes ; chez les singes que chez les makis, chez ceux-ci que chez les carnassiers et les pachydermes.

Mais il a prouvé, d'autre part, combien étaient erronés la plupart des

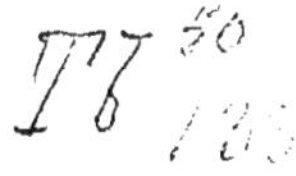

résultats auxquels Daubenton avait été conduit par l'emploi d'un procédé défectueux.

Ainsi, Daubenton avait cru que l'angle occipital était à peu près fixe chez l'homme, c'est-à-dire d'environ + 3 degrés. D'ailleurs, en faisant passer sa ligne fixe par les points orbitaires, il avait supposé qu'elle différait à peine de la ligne occipitale, et que celle-ci ne pouvait jamais passer au-dessus de celle-là.

M. Broca a fait voir que le plan du trou occipital peut remonter bien plus haut que celui des points orbitaires; il a montré que l'angle occipital peut devenir négatif, et descendre à — 16 degrés, tandis qu'il peut, d'autres fois, s'élever jusqu'à + 15 degrés. En prouvant que la direction du trou occipital présente, dans les diverses races humaines, des variations pouvant aller jusqu'à 35 degrés, il a immédiatement donné à l'angle occipital une haute importance anthropologique.

Jusqu'à ces derniers temps, on avait cru, d'après les recherches de Daubenton, que l'angle occipital établissait un vaste hiatus entre le type de l'homme et celui de ses plus proches voisins zoologiques, les anthropoïdes.

Grâce à son goniomètre, M. Broca a démontré, par des preuves inattaquables, que la direction du trou occipital ne constitue pas une distinction absolue entre l'homme et les anthropoïdes; car il a vu le minimum des anthropoïdes adultes descendre au-dessous du maximum humain.

Mais, l'angle de Daubenton dépendant de deux variables : la direction du trou occipital et la hauteur de l'orbite, M. Broca a proposé de mesurer un angle plus correct et plus fidèle que le premier. Cet angle, auquel il a donné le nom de *deuxième angle occipital,* a aussi son sommet sur l'opisthion. Son côté inférieur est formé, comme dans l'angle de Daubenton, par une ligne allant de l'opisthion au basion; son côté supérieur est constitué par une ligne partant de l'opisthion, pour se rendre à la suture nasale. Cet angle ne dépend que des variations du trou occipital; il est donc nécessairement plus correct que le premier.

Enfin, à l'étude des deux angles occipitaux, M. Broca a ajouté la mensuration d'un troisième angle pouvant être mesuré avec le même instrument que les deux premiers. Ce nouvel angle a son sommet sur le basion; son côté inférieur est formé par le prolongement de la ligne occipitale; son côté supérieur répond à une ligne partant du basion, pour aller aboutir à la suture nasale. Cet angle, ne dépendant que de l'élément qu'on veut mesurer (inclinaison du crâne sur la colonne vertébrale), est beaucoup plus fidèle que les deux occipitaux.

Dans le mémoire où M. Broca a exposé ses recherches sur la direction du trou occipital et sur les angles occipitaux et basilaire, il s'est spécialement occupé de la mensuration de ces angles chez l'homme et chez les anthropoïdes.

Élèves du laboratoire d'anthropologie, nous avons cru devoir apporter notre tribut à l'étude de cette question, en mesurant les trois angles sur les crânes d'une quinzaine d'espèces d'animaux différents.

Nous avons employé pour nos recherches le goniomètre rectangulaire.

Nous pouvons dire, d'ailleurs, dès le début, que les résultats auxquels nous sommes arrivés sont tout à fait conformes à ceux obtenus par le savant professeur.

Ce qui est vrai pour la comparaison des individus d'une même espèce, l'est aussi pour celle des individus d'espèces différentes. Ainsi, en ne tenant compte que de l'angle de Daubenton, le jeune chat mériterait d'être classé avant le maki; mais celui-ci reprend immédiatement un rang supérieur à celui du jeune chat, dès que l'on fait intervenir les résultats donnés par la mensuration des deux autres angles.

RÉSULTATS OBTENUS PAR LA MENSURATION DES ANGLES OCCIPITAUX ET BASILAIRE.

1° L'angle basilaire est toujours le plus grand des trois; l'angle de Daubenton est le plus petit. — Sur le chien, par exemple, l'angle de Daubenton égale, en moyenne, 61 degrés; le deuxième angle occipital est de 73 degrés; enfin, l'angle basilaire s'élève à 92 degrés. (Voy. tableau n° 1);

2° Chez l'homme, la différence qui existe entre l'angle de Daubenton et le deuxième angle occipital est toujours plus forte que celle qui existe entre ce dernier angle et l'angle basilaire.

Cependant l'écart entre les deux différences semble diminuer à mesure que le type s'abaisse.

3° En arrivant aux anthropoïdes, nous voyons que l'écart entre l'angle de Daubenton et le deuxième angle occipital cesse d'être régulièrement supérieur à celui qui sépare ce dernier angle de l'angle basilaire. (Voy. les tableaux 2, 3, 4, 8.)

4° Les résultats fournis par les deux angles occipitaux et l'angle basilaire sont assez comparables entre eux (Broca). Cependant, si nous cherchons à classer les animaux que nous avons étudiés, d'après les chiffres fournis par la mensuration de chacun des trois angles, nous voyons que le même animal n'occupe pas toujours le même rang sur chacun des trois tableaux ainsi obtenus. Hâtons-nous d'ajouter que, sur un tableau présentant 16 ou 17 rangs, les variations max. ne dépassent jamais 3 rangs. Il n'est pas rare, d'ailleurs, de voir la même espèce occuper le même rang sur chacun des 3 tableaux. (Voy. tableau nº 6, *a*, *b*, *c*).

5º Les différences respectives des divers angles peuvent présenter des écarts très-étendus; il est donc nécessaire de tenir compte de chacun d'eux.

Ainsi, chez le chien, la différence entre l'angle de Daubenton et le deuxième angle occipital descend une fois à 13 degrés, et monte une autre fois à 22 degrés; si donc on ne mesurait qu'un seul de ces angles, on ne connaîtrait la valeur de l'autre qu'à 12 degrés près.

6º Chez les anthropoïdes, l'angle de Daubenton des jeunes est plus petit que celui des adultes.

Sur les quatre crânes de chats que nous avons étudiés, un seul appartenait à un jeune; son angle de Daubenton a été inférieur de 10 degrés à celui des trois autres; son deuxième angle occipital est de 6 degrés au-dessous de celui des trois autres; enfin, son angle basilaire était dépassé de 3 degrés par celui des adultes; mais nous devons ajouter qu'il était supérieur de 3 degrés au chiffre minimum atteint par l'un de ces derniers.

7º Chez les individus d'une même espèce, la distance qui existe entre les valeurs minima et maxima de l'angle de Daubenton, est beaucoup plus considérable que celle qui sépare la valeur minima du deuxième angle occipital de la valeur maxima du premier.

On peut en dire autant de la valeur maxima du deuxième angle occipital, comparée aux valeurs minima de l'angle basilaire et du deuxième angle occipital.

(Voy. *la série des chiens.* — Tableau nº 1.)

8º Ce qui est vrai pour les individus d'une même espèce l'est aussi pour des individus d'espèces différentes, c'est-à-dire qu'il existe quelquefois moins de différence entre le maximum de l'une et le minimum de l'autre qu'entre ce minimum et le maximum de la même espèce.

Ainsi, sur notre tableau nº 1, nous voyons que la chèvre d'Europe, le chien boule français et le chien (nº 12), nous donnent les chiffres suivants :

	Angle de Daubenton.	Deuxième angle occipital.	Angle basilaire.
1º — Chèvre..............	51	67	77
2º — Chien boule français.	51	70	86
3º — Chien (11)..........	08	84	95

9º Daubenton avait avancé que l'angle occipital s'élève à 37 degrés chez le chimpanzé. Nous voyons, par les chiffres de M. Broca, que, dans cette espèce, la valeur moyenne de cet angle est de 26 degrés; sa valeur maxima ne dépasse pas 29 degrés.

10° D'après Daubenton, l'angle occipital du maki serait de 47 degrés ; le seul individu de cette espèce que nous avons mesuré nous a offert un angle occipital de 31 degrés.

11° Daubenton avait cru que l'angle occipital du chien égalait 80 degrés. Les 11 chiens sur lesquels nous avons mesuré cet angle nous ont donné un chiffre moyen de 61 degrés ; le chiffre maximum n'a pas dépassé 68 degrés ; le chiffre minimum est descendu jusqu'à 51 degrés.

12° Enfin, Daubenton avait été conduit par ses recherches à évaluer l'angle occipital du cheval à 90 degrés. Les deux individus de cette espèce que nous avons eus entre les mains nous ont donné, pour cet angle, une valeur moyenne de 52 degrés.

L'angle de Daubenton a atteint une seule fois le chiffre de 90 degrés, sur le *sus asiaticus*. Le deuxième chiffre maximum atteint par cet angle est de 78 degrés (*sus ibericus*).

Premier tableau indiquant les chiffres individuels obtenus par la mensuration des trois angles :

		1° Angle de Daubenton.	2° Deuxième angle occipital.	3° Angle basilaire.
	Maki	31	45	59
	Jeune chat	30	48	64
	Bélier mérinos (1)	39	55	61
	Bélier mérinos (2)	40	54	68
Adultes.	Chat (3)	37	58	70
Adultes.	Chat (2)	39	53	70
Adultes.	Chat (1)	47	57	61
	Mouton à quatre cornes	41	60	71
	Lièvre	41	56	78
	Lapin	46	63	80
	Cheval (1)	50	62	71
	Cheval (2)	54	69	(?)
	Chèvre d'Europe	51	67	77
	Veau	52	75	89
	Vache	(?)	75	85
	Paca	53	63	81
	Mouton mérinos	54	74	90
	Blaireau (1)	63	77 (?)	90 (?)
	Blaireau (2)	70	77 (?)	94 (?)
	Chien boule fr.	51	70	86
	Chien (12)	62	77 (?)	94 (?)
	Chien (3)	57	75	90
	Chien (Terre-Neuve)	60	76 (?)	86 (?)
	Chien (Terre-Neuve *bis*)	62	82	93
	Chien (4)	60	76 (?)	95 (?)
	Chien (5)	64	79	95
	Chien (2)	66	83 (?)	90 (?)
	Chien de bouvier	66	80 (?)	96 (?)
	Chien (1)	67	80	94
	Chien (11)	68	84	95
	Belette	70	80	91
	Sanglier	11	80	(?)
	Sus (*ibericus*)	78	90	98
	Sus (*asiaticus*)	90	95	104

AF*

Résultats de la mensuration des angles occipitaux et basilaire.

1° L'angle basilaire est toujours le plus grand des trois (Broca). L'angle de Daubenton est le plus petit (Broca). Sur le chien, par exemple, l'angle de Daubenton égale, en moyenne, 61 degrés ; le deuxième angle occipital est de 78 degrés; enfin, l'angle basilaire s'élève à 92 degrés.

2° La différence qui existe entre l'angle de Daubenton et le deuxième angle occipital, est tantôt supérieure, tantôt inférieure, à celle qui sépare ce dernier angle de l'angle basilaire. Ce fait ressort clairement de la comparaison des chiffres des deux tableaux ci-dessous :

A. — *Deuxième tableau.* — L'écart entre l'angle de Daubenton et le deuxième angle occipital est plus considérable que celui qu'on constate entre ce dernier angle et l'angle basilaire.

		Angle de Daubenton.	Deuxième angle occipital.	Angle basilaire.	Écart entre les différences.
1°	Mouton à quatre cornes.....	41	60	71	8
2°	Maki	31	48	59	6
	Chèvre d'Europe............	51	67	77	6
3°	(Deux béliers mérinos)......	39	54	64	5
4°	Trois chats adultes	51	56	67	4
	Mouton mérinos.............	54	74	90	4
5°	11 Chiens.....................	61	78	92	9
6°	Jeune chat....................	30	48	64	2
7°	1 Cheval.......................	50	62	71	1

B. — *Troisième tableau.* — L'écart entre l'angle de Daubenton et le deuxième angle occipital est moins grand que celui qu'on observe entre ce dernier angle et l'angle basilaire.

		Angle de Daubenton.	Deuxième angle occipital.	Angle basilaire.	Écart entre les différences .
1°	Porc..........................	53	63	81	8
2°	Lièvre	41	56	78	7
3°	2 Blaireaux..................	66	77	92	4
	Belettes......................	70	80	94	4
4°	2 Porcs.......................	84	92	101	1
	Veau	62	75	86	1

N. B. — Chez le lapin, les deux différences sont égales entre elles :

	Angle de Daubenton.	Deuxième angle occipital.	Angle basilaire.
Lapin.............	46	63	80

3° Chez l'homme, la différence entre l'angle de Daubenton et le deuxième angle occipital est toujours plus forte que celle qui existe entre ce dernier angle et l'angle basilaire.

Prenons les types placés aux deux extrémités du premier tableau du mémoire de M. Broca; voici ce que nous trouvons :

	Angle de Daubenton.	Deuxième angle occipital.	Angle basilaire.	Écart entre les différences.
1° — Basques de Zaraus........	1,52	11,10	15,29	8
2° — Nubiens d'Eléphantine.....	9,34	20,12	26,32	4

Ainsi, au haut comme au bas de l'échelle humaine, l'angle de Daubenton est inférieur au deuxième angle occipital d'une quantité plus considérable que celle qui sépare l'angle basilaire du deuxième angle occipital. Mais l'écart entre les deux différences est plus grand chez les Basques que chez les Nubiens; il semble donc diminuer à mesure que le type se dégrade.

4° En arrivant aux anthropoïdes, nous voyons que l'écart entre l'angle de Daubenton et le deuxième angle occipital cesse d'être régulièrement supérieur à celui qui sépare ce dernier angle de l'angle basilaire.

Quelques chiffres empruntés au troisième tableau du mémoire de M. Broca suffiront pour prouver cette proposition au point de vue où nous nous plaçons actuellement. Nous pourrons subdiviser le troisième tableau de M. Broca en deux tableaux secondaires. Dans le premier de ces tableaux, nous aurons les anthropoïdes, chez lesquels la différence entre l'angle de Daubenton et le deuxième angle occipital est plus grande que celle qui existe entre ce dernier angle et l'angle basilaire. Dans le deuxième, nous aurons ceux des anthropoïdes, chez lesquels la distance entre l'angle de Daubenton et le deuxième angle occipital est moindre que celle qui sépare le dernier angle de l'angle basilaire.

Anthropoïdes. — 4e tableau.

	Angle de Daubenton.	Deuxième angle occipital.	Angle basilaire.	Écart entre les différences.
1 Chimpanzé (très-jeune).........	5	20	32	3
1 — jeune...............	14	25	34	2
3 Orangs jeunes................	24	37	48	2
8 — adultes................	31	45	55	4
1 Gorille (très-jeune)............	16	29	37	5
2 Gorilles jeunes...............	25	39	46	7
5 — adultes...............	32	44	53	3
3 Semnopithèques.....	19	33	45	2
1 Cynocéphale (jeune)..........	11	23	33	2
6 Cynocéphales adultes..........	23	35	45	2

Anthropoïdes. — 5e tableau.

	Angle de Daubenton.	Deuxième angle occipital.	Angle basilaire.	Écart entre les différences.
4 Chimpanzés adultes...........	26	35	45	[illegible]
1 Orang (très-jeune)............	17	26	40	5
2 Gibbons jeunes...............	22	32	43	1
9 — adultes...............	31	40	51	2
3 Semnopithèques...............	23	35	49	2

Le premier tableau nous montre que chez les gorilles jeunes la différence entre le premier et le deuxième angle l'emporte de 7 degrés sur celle qui sépare le deuxième du troisième. Chez les orangs (adultes), l'écart entre les différences n'est plus que de 4 degrés, c'est-à-dire égal à celui qui existe entre les deux différences fournies par la mensuration des angles des Nubiens d'Éléphantine.

5° Les résultats fournis par les deux angles occipitaux et l'angle basilaire sont assez comparables entre eux (Broca). Cependant, si nous cherchons à classer les animaux dont nous avons mesuré les angles occipitaux et basilaire, d'après les résultats de nos mensurations, nous voyons que le même animal n'occupe pas toujours le même rang sur chacun des trois tableaux.

Sixième tableau.

a Angle de Daubenton.			*b* Deuxième angle occipital.			*c* Angle basilaire.		
1°	— Jeune chat	30	1°	— Maki	45	1°	Maki	59
2°	— Maki	31	2°	— Jeune chat	48	2°	Jeune chat	64
3°	— 2 Béliers mér.	39,5	3°	— 2 béliers mérinos	54,5	3°	2 Béliers mérinos	64,5
4°	3 chats Mouton à 4 c. Lièvre	41	4°	3 Chats Lièvre	56	4°	— 3 Chats	67
5°	— Lapin	46	5°	— Mouton à 4 cornes	60	5°	Mouton à 4 cor. Cheval	71
6°	— Chèvre	51	6°	Lapin Porc	63	6°	— Chèvre	77
7°	2 Chevreaux Veau	52	7°	— 2 Chevaux	65,5	7°	— Lièvre	78
8°	— Porc	53	8°	— Chèvre	67	8°	— Lapin	80
9°	— Mouton mérinos	5	9°	— Mouton mérinos	74	9°	— Porc	81
10°	— 2 Blaireaux	66,5	10°	— Veau et vache	75	10°	— Veau et vache	87
10°	(*bis*.) 11 Chiens	64,5	11°	— 2 Blaireaux	77	11°	Mouton mérinos	90
11°	— Belette	70	11°	(*bis*) 11 Chiens	78,3	12°	Belette	91
12°	— Sanglier	71	12°	Sangliers Belette	80	13°	— Blaireaux	92
13°	— Sus (*ibericus* et *asiaticus*)	84	13°	— Sus (*ibericus* et *asiaticus*)	84	13°	(*bis*) 11 Chiens	92,4
						14°	— Sus (*ibericus* et *asiaticus*	101

6° Par la comparaison de ces tableaux, nous voyons que :

1° — Le maki est deuxième sur le premier, et premier sur les deux autres;
2° — Le jeune chat est premier sur le premier, et deuxième sur les deux autres;
3° — Les béliers mérinos sont au troisième rang sur chaque tableau ;
4° — Les chats (adultes) sont au quatrième rang sur les trois tableaux ;
5° Le mouton à quatre cornes est au quatrième rang sur le premier tableau, au cinquième sur ces deux derniers.
6° Le lièvre est au quatrième rang sur les deux premiers tableaux, au septième sur le dernier.
7° Le lapin est au cinquième rang sur le premier tableau, au cinquième sur le deuxième, au huitième sur le troisième.
8° La chèvre d'Europe est au sixième rang sur le premier et le troisième tableau, au huitième sur le second;
9° Le cheval est au cinquième rang sur le troisieme tableau, au septième sur les deux premiers ;
10° Le porc est le sixième sur le deuxième tableau, le huitième sur le premier, le neuvième sur le troisième ;
11° — Le veau est au septième rang sur le premier tableau, le dixième sur les deux autres ;
12° Le mouton mérinos est neuvième sur les deux premiers tableaux, onzième sur le troisième ;
13° Le blaireau est dixième sur le premier tableau, onzième sur le deuxième, treizième sur le troisième ;
14° — Le chien est avant le blaireau dans le premier tableau, après dans les deux autres;
15° — La belette est au onzième rang sur le premier tableau, au douzième sur les deux autres;
16° — Le sanglier est au douzième rang sur les deux premiers tableaux ;
17° Les deux porcs sont au treizième rang sur les deux premiers tableaux, au quatorzième sur le troisième.

De ces deux derniers, le *sus ibericus* occupe un rang supérieur au *sus asiaticus*; les chiffres donnés par la mensuration des angles du premier, sont, en effet : 78 degrés, 90 degrés, 98 degrés; ceux donnés par la mensuration du second sont : 90 degrés, 95 degrés, 104 degrés.

7° Dans ce dernier tableau, nous voyons que le jeune chat occupe un rang supérieur à celui des chats adultes. De même, dans les tableaux de M. Broca, nous voyons les jeunes anthropoïdes placés sur un rang supérieur à celui qu'occupent les adultes de la même espèce (chimpanzés, orangs, gorilles, gibbons).

Le bélier mérinos est placé avant le mouton mérinos;
Le lièvre avant le lapin;
Le blaireau avant la belette;
Le sanglier avant le porc.

8° Ce fait, constaté par M. Broca, lui avait inspiré les réflexions suivantes : « On peut, à la rigueur, dans la description d'une race basée sur les moyennes, ne parler que d'un seul de ces angles, et se borner, par exemple, à mentionner l'angle de Daubenton. Mais il n'en est plus de même lorsque, au lieu d'étudier une série entière, on veut décrire un crâne isolé, ou un petit groupe de crânes dont on cherche à déterminer les caractères ethniques. Alors, en effet, les différences respectives des divers angles peuvent présenter des écarts très-étendus, de telle sorte que, connaissant un seul de ces angles, on pourrait se faire une idée très-fausse des deux autres. »

Ainsi, chez les chiens, la différence entre l'angle de Daubenton descend une fois à 13 degrés et monte une autre fois à 22 degrés ; si donc on ne mesurait qu'un seul de ces angles, la valeur de l'autre serait connue à 12 degrés près seulement.

La différence entre l'angle basilaire et le deuxième angle occipital descend une fois à 7 degrés et s'élève une autre fois à 19 degrés.

Enfin, la différence entre l'angle basilaire et l'angle de Daubenton s'élève à 33 degrés dans deux cas, tandis que dans un cas elle ne dépasse pas 24 degrés.

En ne tenant compte que de l'angle de Daubenton, nous serions obligés de placer le jeune chat avant le maki; mais, en comparant les résultats fournis par la mensuration des deux autres angles, le maki reprend immédiatement un rang supérieur à celui du jeune chat.

9° D'après Daubenton, le premier angle occipital devait atteindre 90 degrés chez le cheval. La mensuration de cet angle sur deux individus de cette espèce nous a donné une fois 50 degrés, une autre fois 54 degrés, c'est-à-dire une moyenne de 52 degrés. L'angle basilaire lui-même n'a pas dépassé 71 degrés sur l'individu où nous avons pu le prendre.

Sur les 34 individus appartenant à 14 ou 15 espèces différentes, que nous avons mesurés, l'angle de Daubenton atteint une seule fois 90 degrés (*sus asiaticus*); le deuxième chiffre maximum où s'élève cet angle est de 78 degrés (*sus ibericus*).

Daubenton avait cru que l'angle occipital du chien égalait 80 degrés. Les 11 chiens sur lesquels nous avons mesuré cet angle nous ont donné une moyenne de 61 degrés; le chiffre maximum n'a pas dépassé 68 degrés; le chiffre minimum est descendu jusqu'à 51 degrés.

Daubenton avait annoncé que l'angle occipital s'élève à 37 degrés chez le chimpanzé. Nous voyons, d'après les chiffres de M. Broca, que dans cette espèce, la valeur moyenne de cet angle est de 26 degrés; la valeur maximum ne dépasse pas 29 degrés.

D'après Daubenton, l'angle occipital du maki serait de 47 degrés; sur la seule tête de maki que nous ayons eue entre les mains, il n'a pas dépassé 31 degrés.

10° Chez les individus d'une même espèce, la différence qui existe entre les valeurs maxima et minima de l'angle de Daubenton est beaucoup plus considérable que celle qui sépare la valeur minima du deuxième angle occipital de la valeur maxima de l'angle de Daubenton.

Ainsi, dans notre série de 11 chiens, nous trouvons une différence de 17 degrés entre l'angle de Daubenton maximum et l'angle de Daubenton minimum (68 — 51 = 17); un écart de 2 degrés seulement sépare l'angle de Daubenton maximum du deuxième angle occipital minimum (70 — 68 = 2).

On peut en dire autant des valeurs maxima et minima du deuxième angle occipital comparées d'abord entre elles, puis à la valeur minima de l'angle basilaire.

Si nous constatons, en effet, une différence de 14 degrés entre le deuxième angle occipital maxima et le deuxième angle occipital minima (84 — 70 = 14), nous trouvons un écart de 2 degrés seulement entre l'angle basilaire minimum et le deuxième angle occipital (86 — 84 = 2).

LILLE — IMPRIMERIE DANEL.

ASSOCIATION FRANÇAISE

POUR L'AVANCEMENT DES SCIENCES

EXTRAIT DES STATUTS ET RÈGLEMENT

Votés par l'Assemblée générale du 27 août 1874.

STATUTS.

ART. 4. — L'Association se compose de membres fondateurs et de membres ordinaires ; les uns et les autres sont admis, sur leur demande, par le Conseil.

ART. 5. — Sont membres fondateurs les personnes qui auront souscrit à une époque quelconque une ou plusieurs parts du capital social : ces parts sont de 500 francs.

ART. 7. — Tous les membres jouissent des mêmes droits. Toutefois les noms des membres fondateurs figurent perpétuellement en tête des listes alphabétiques, et les membres reçoivent gratuitement pendant toute leur vie autant d'exemplaires des publications de l'Association qu'ils ont souscrit de parts du capital social.

RÈGLEMENT.

ART. 1er. — Le taux de la cotisation annuelle des membres non fondateurs est fixé à 20 francs.

ART. 2. — Tout membre a le droit de racheter ses cotisations à venir en versant une fois pour toutes la somme de 200 francs. Il devient ainsi membre à vie.

La liste alphabétique des membres à vie est publiée en tête de chaque volume, immédiatement après la liste des membres fondateurs.

Les souscriptions sont reçues :

Au SECRÉTARIAT, 76, rue de Rennes;

Chez M. MASSON, *trésorier*, 17, place de l'École-de-Médecine.

Les souscriptions des membres fondateurs peuvent être versées en une seule fois, ou en deux versements de chacun 250 francs.

LILLE. — IMPRIMERIE DANEL.

59

www.ingramcontent.com/pod-product-compliance
Ingram Content Group UK Ltd.
Pitfield, Milton Keynes, MK11 3LW, UK
UKHW021040200726
13857UKWH00005B/1828